AF371172

QUELQUES REMARQUES

SUR LE GENRE

FILAGO

ET

SUR LES ESPÈCES OU VARIÉTÉS

QU'IL RENFERME EN NORMANDIE

PAR

M. Alphonse de BRÉBISSON

Membre correspondant de la Société Linnéenne de Normandie et de
plusieurs autres Sociétés savantes nationales et étrangères.

CAEN

TYP. DE F. LE BLANC-HARDEL, LIBRAIRE
RUE FROIDE, 2

1868

QUELQUES REMARQUES

SUR LE GENRE

FILAGO

ET SUR

LES ESPÈCES OU VARIÉTÉS QU'IL RENFERME EN NORMANDIE

En préparant une quatrième et dernière édition de ma *Flore de Normandie*, j'ai été amené à faire de nombreuses observations, dont quelques-unes m'ont semblé souvent mériter d'être consignées ; mais la forme synoptique de mon opuscule et le désir de le rendre portatif m'ont empêché de donner plus d'étendue aux descriptions concernant chaque espèce. Ces raisons m'engagent aujourd'hui, pour le genre FILAGO, entre autres, à présenter ici ces notes complémentaires, avec l'espoir qu'elles pourront avoir quelque intérêt pour les botanistes de notre province.

Le genre FILAGO, tel qu'il avait été établi par Linné, d'après Tournefort, renfermait sept espèces, dont deux, le *F. Acaulis* et le *F. Leontopodium*, n'appartiennent point à notre région. Le premier, réuni au genre *Evax*, est une plante méridionale et le second, qui est le type du genre *Leontopodium*, créé par R. Brown et adopté par Cassini, croît exclusivement dans les contrées de montagnes, telles que les Alpes et les Pyrénées.

Nous ne nous occuperons donc ici que des espèces qui ont des représentants en Normandie.

Lamarck, dans sa *Flore française* et dans l'*Encyclopédie méthodique*, avait réuni les *Filago* aux *Gnaphalium*, et De Candolle, dans la dernière édition qu'il publia du premier de ces ouvrages, conserva ce rapprochement ; mais, plus tard, dans son *Prodromus*, vol. VI, il sépara de nouveau le genre FILAGO.

Cassini, dans le *Bulletin de la Société philomatique* et dans le *Dictionnaire des Sciences naturelles*, a divisé ce genre en quatre ou cinq, dont les noms sont formés par des combinaisons anagrammatiques des six lettres qui composent le mot *Filago*. De là les genres *Gifola*, *Logfia*, *Oglifa*, et même *Ifloga* ; mais ce dernier n'est pas un démembrement des vrais *Filago*. Les caractères distinctifs reconnus par cet auteur étaient principalement établis sur la position relative des divers fleurons et sur les modifications du réceptacle. Cette nomenclature n'a pas été généralement suivie ; néanmoins, MM. Cosson et Germain de Saint-Pierre, dans leur *Flore des environs de Paris*, ont adopté le genre *Logfia* pour le *Filago Gallica*, qui présente des caractères assez tranchés et un port très-différent de celui des autres *Filago*. J'aurais, dans ce cas, comme dans plusieurs autres, suivi l'exemple de ces botanistes éminents, si je n'avais pensé que, dans un opuscule aussi restreint que le mien, la multiplicité des genres ne rendait pas les recherches plus faciles. D'ailleurs, dans de telles circonstances, j'aurai soin de donner une synonymie assez étendue pour que les botanistes qui ne partageront pas cette opinion puissent adopter la nomenclature qui leur conviendra le mieux. Je mettrai, en outre, en évidence les caractères qui peuvent motiver de tels changements.

Je vais présenter ici la série des formes qui ont été observées dans notre province , en ajoutant quelques notes qui pourront faire saisir l'importance des caractères qui tendent à les faire distinguer ou à engager à les rapprocher , et je terminerai par une table analytique qui sera une sorte de résumé de ce petit travail. Cette table sera reproduite dans ma *Flore.*

Les espèces de ce genre, appelées *cotonnières* ou *herbes-à-coton* par les auteurs français , sont des plantes annuelles herbacées, dont la tige et les feuilles sont plus ou moins couvertes de poils couchés, blanchâtres-soyeux, qui leur donnent un aspect tomenteux particulier. Elles croissent principalement parmi les moissons des champs sablonneux.

1. FILAGO SPATHULATA *Presl.*

Jordan. Boreau. — *F. Jussiæi* Coss. et Germ. Fl. envir. de Paris, 1re édit. — *F. pyramidata* Auct. non L. — *F. Germanica* DC., Prodr. — *Gifola spathulata* Reichenb.

Cette espèce a été longtemps regardée comme une variété du *F. Germanica,* dont elle se distingue, à la première vue, par sa tige à rameaux nombreux, divariqués, par ses feuilles étalées , presque planes, élargies au sommet, et par ses glomérules composés d'anthodes moins nombreux, dix à vingt environ.

Ce n'est pas le *Gnaphalium spathulatum* Lam. Encycl., II, page 758, qui, probablement, ainsi que le *Gn. spathulatum* Thunb, est une plante du cap de Bonne-Espérance, inscrite par De Candolle dans le *Prodromus* parmi les *Leontonyx.*

On avait cru aussi devoir rapporter cette espèce au *Filago pyramidata* de Linné , qui croît en Suède et qui paraît différer de celle-ci.

Ce sont ces causes d'incertitude qui avaient engagé MM. Cosson et Germain de Saint-Pierre, dans la première édition de leur *Flore des environs de Paris*, à créer une nouvelle espèce : le *F. Jussiæi* ; mais, plus tard, ils ont reconnu qu'on devait la rapporter au *F. spathulata* de Presl, nom qu'ils ont adopté dans la seconde édition de la *Flore* que je viens de citer.

Ils admettent, dans ce même ouvrage, une sous-variété : *purpurascens*, que je crois avoir recueillie à Vignats, près Falaise, en juillet 1866. Cette forme est remarquable par la couleur des écailles florales extérieures, qui sont purpurines. Je ne puis dire avec une certitude complète que notre plante est bien la même que celle indiquée par les auteurs de la Flore des environs de Paris, puisqu'ils annoncent que cette plante diffère du type par les « *écailles de l'involucre, rougeâtres au sommet.* » Les écailles des fleurs des individus que j'ai rapportés de Vignats ne sont pas seulement *rougeâtres*, mais d'une couleur purpurine comme celle du *F. iodolepis* dont je parlerai plus loin ; elles s'en distinguent par leur moindre apparence.

Le *F. spathulata* croît surtout dans les champs secs et sablonneux des contrées reposant sur un sol calcaire : Seine-Inférieure, Eure, Orne, Calvados.

Cette espèce varie beaucoup par le port et par la forme de ses feuilles. Sa tige est quelquefois très-divisée dès la base, étalée, à rameaux ouverts, épaissis au-dessous des glomérules et couverts, surtout dans cette partie, d'un duvet d'un blanc soyeux. Souvent les feuilles sont étroites et allongées, presque linéaires, et ne se montrent élargies à leur sommet que dans celles qui accompagnent et dépassent les anthodes, en remplissant les fonctions de bractées. La variété que j'ai appelée *laxa* (*Fl. de Norm.*, 3ᵉ édit., p. 153), a une tige élevée, des rameaux terminaux et des feuilles vertes, larges, étalées et écartées. Bois et moissons. Falaise.

Je citerai encore ici, non comme une variété mais comme une forme accidentelle assez curieuse, un exemplaire recueilli à Versainville, près de Falaise, et que renferme mon herbier normand. Sa tige est droite, garnie, dans toute sa longueur, de rameaux courts, le plus souvent simples, et terminés chacun par un glomérule entouré par une collerette de bractées.

2. FILAGO GERMANICA *Linn. prop.*

Il est très-probable que sous ce nom Linné a compris diverses formes ou espèces, et telle est la cause qui a porté des auteurs modernes à adopter des noms entièrement nouveaux, sans décider quel devait être le vrai type de l'illustre botaniste suédois. Néanmoins, il me semble que les derniers mots de sa phrase caractéristique « *foliis acutis,* » doivent porter à faire regarder la plante couverte d'un duvet laineux jaunâtre (*Fil. lutescens* Jord. Obs.) comme l'espèce décrite par Linné sous le nom de *F. Germanica*, quoique l'opinion contraire semble avoir souvent prévalu, c'est-à-dire celle qui attribue plutôt ce nom à l'espèce suivante. Celle que je veux désigner ici et que je rapporte au *F. Germanica* L., a des glomérules composés de 30 à 40 anthodes plongés dans un tomentum d'un jaune-verdâtre, à peine anguleux, et dont les écailles à pointes un peu rougeâtres sont droites, quelquefois légèrement ouvertes, ce qui leur donne un aspect hérissé. Ses feuilles sont lancéolées, étroites, atténuées dans leur moitié supérieure, pointues, redressées-apprimées sur la tige. Dans l'espèce précédente, le sommet de l'anthode est nu, fortement pentagone, et la base seule est plongée dans un tomentum serré.

3 FILAGO CANESCENS *Jord. l. c.*

C'est à cette espèce que MM. Jordan , Boreau et plusieurs autres botanistes rapportent le *F. Germanica* de Linné. Je viens de dire les principales raisons qui m'empêchaient de partager cette opinion.

Comme dans l'espèce précédente, le *F. canescens* présente des glomérules à anthodes au moins aussi nombreux, mais le tomentum dans lequel ils sont plongés est plus blanc. Ses feuilles sont également redressées et apprimées sur la tige , mais elles sont moins atténuées et moins pointues. Les écailles de l'involucre sont jaunâtres et ont leur pointe déjetée en dehors. La tige est plus élevée , surtout dans la variété *procera*, *Fl. de Norm.*. qui atteint 3 ou 4 décimètres. La variété *lanuginosa* DC. Prodr., *F. eriocephala* Guss., est remarquable par l'abondance des poils soyeux qui entourent ses anthodes.

Cette espèce et la précédente semblent préférer les champs secs et sablonneux des terrains siliceux : Manche , Orne et Calvados.

4. FILAGO IODOLEPIS *Nob. mss. et herb.*

Ce *Filago*, qui a le port et à peu près la même disposition des feuilles et des glomérules des deux espèces précédentes, en diffère d'abord par les anthodes qui sont beaucoup moins nombreux, chaque glomérule n'en renfermant que 15 à 20 environ, très-rarement 25, et surtout par les écailles de l'involucre qui sont d'une belle couleur purpurine plus ou moins violacée. Ses feuilles , quoique apprimées-redressées , sont moins étroitement rapprochées de la tige. Dilatées dans leur moitié supérieure , elles sont linguiformes et pointues, principalement dans une variété *flavescens*, trouvée dans des lieux sablonneux de Sotteville, près de Rouen, par M. Malbranche. Je crois devoir rapporter cette forme au *Fil. iodolepis*, malgré la teinte légèrement jaunâtre répandue sur toute sa surface.

J'ai trouvé le type, vers la fin de l'été, en 1866 et 1867, dans des champs secs et sablonneux des environs de Falaise, à St-Martin-de-Mieux.

5. FILAGO SUB SPICATA *Bor.*

Cette espèce, présentée et décrite par M. Boreau, dans la 3ᵉ édition de sa *Flore du centre de la France*, est remarquable par sa taille élevée, de 1 à 5 décimètres, par ses feuilles étalées et plus longues que les glomérules, et surtout par ses « anthodes ovoïdes, plongés jusqu'au milieu dans un duvet blanc et réunis en glomérules obconiques, solitaires à l'aisselle des feuilles et disposés en grand nombre en forme d'épi interrompu le long de la tige, sessiles ou portés chacun sur un rameau très-court épaissi au sommet, et entourés, mais non dépassés, par des bractées lancéolées, apprimées sous le duvet verdâtre qui les couvre... » (Bor., loc. cit., t. II, p. 339.)

J'ai récolté un petit nombre d'échantillons de cette plante dans un terrain sablonneux, près de l'étang de la Fresnaye-au-Sauvage (Orne).

6. FILAGO ARVENSIS *Linn.*

Cette plante, souvent indiquée dans les flores locales comme une espèce commune, est très-rare dans la Basse-Normandie, contrée que j'ai plus fréquemment explorée que les départements de la Seine-Inférieure et de l'Eure. Nous ne l'avons recueillie qu'une ou deux fois près de Falaise. M. Aulnay, pharmacien à Clécy, dont récemment nous avons eu à déplorer la mort prématurée, me l'avait envoyée des environs de Condé-sur-Noireau.

Les glomérules, le plus souvent latéraux et terminaux, mais rarement insérés dans les bifurcations des rameaux, donnent à la floraison de cette espèce une disposition paniculée qui, au premier aspect, la fait facilement distinguer de ses congénères.

7. FILAGO MONTANA *Linn.*

Gnaphalium montanum Willd. DC Fl. fr. — *Gnaph. minimum* Smith. Fl. brit. DC. Fl. fr. — *Filago minima* Pers. Fries. — *Logfia lanceolata* Cass. — *Oglifa minima* Reichenb.

M. Boreau, dans sa *Flore du Centre*, 3ᵉ édit., t. I, dit avec raison : « On a mal à propos cherché à embrouiller la synonymie de cette espèce et de la précédente (*F. arvensis*), Linné les ayant bien caractérisées l'une et l'autre. »

Les *Fil. montana* et *minima* sont la même espèce. Le *Gnaphalium minimum* de Smith paraît être une forme plus effilée du type, à feuilles lancéolées, à laquelle on devra rapporter le *Gn. neglectum* de Soyer-Willemet, *Filago neglecta* DC. que j'avais cru d'abord être une variété du *F. gallica* et que De Candolle a conservé, dans son *Prodromus*, comme une espèce propre.

Le *Filago montana* est une petite plante grêle, haute de 6 à 25 centimètres, effilée, simple ou rameuse dès la souche, terminée par quelques rameaux divariqués. Les feuilles sont lancéolées, étroites, redressées, plus courtes que les anthodes, qui sont solitaires ou réunis en petits groupes latéraux ou terminaux et dans les bifurcations des rameaux. Les fleurs sont d'un blanc-jaunâtre, anguleuses, à écailles ayant la pointe un peu obtuse et luisante.

J'ai distingué (*Fl. de Norm.*) deux variétés assez remarquables :

Var. **c.** *humifusa* l. c. Tiges couchées sur le sol, étalées en rosette.

Var. **d.** *imbricata* l. c. Tiges droites ; feuilles nombreuses, apprimées, imbriquées.

Ce *Filago* croît principalement sur les coteaux secs, les landes et bruyères des terrains siliceux.

8. FILAGO GALLICA *Linn.*

DC. Prodr., t. VI, p. 248. — *Gnaphalium Gallicum* Willd. DC. Fl. fr. — *Logfia subulata* Coss. — *Logfia Gallica* Coss. et Germ. Ann. sc. nat. et Fl. des env. de Paris.

Cette espèce se reconnaît facilement par sa tige divisée en rameaux effilés, munis de feuilles étroites, linéaires, subulées, plus longues que les anthodes, qui sont marqués de cinq angles très-saillants, axillaires, sessiles, solitaires ou réunis (2 à 5) en petits groupes.

Assez commune, après la moisson, dans les champs sablonneux.

TABLE ANALYTIQUE DES ESPÈCES NORMANDES DU GENRE FILAGO.

1 { Anthodes nombreux (12 à 50, réunis en glomérules arrondis . . . . 2.
Anthodes solitaires ou réunis en petit nombre (2 à 8) . . . . 5.

2 { Involucre à 5 angles prononcés ; feuilles étalées, planes . . . . *F. spathulata.*
Involucre à 5 angles peu prononcés ; feuilles redressées , roulées sur les bords. . . . . . 3.

3 { Écailles de l'involucre entourées d'un duvet blanc. . . . . 4.
Écailles de l'involucre entourées d'un duvet jaune-verdâtre. . . . . *F. Germanica.*

4 { Écailles jaunâtres ou rougeâtres au sommet. . *F. canescens.*
Écailles purpurines ou violacées. . . . . . *F. iodolepis.*

5 { Anthodes à 5 angles prononcés. . . . . . . 7.
Anthodes à 5 angles peu marqués. . . . . . 6.

6 { Anthodes tous axillaires le long de la tige. . . *F. subspicata.*
Anthodes en grappes ou épis. . . . . . . *F. arvensis.*

7 { Feuilles linéaires beaucoup plus longues que les anthodes . . . . *F. Gallica.*
Feuilles lancéolées ne dépassant pas les anthodes. *F. montana.*

Caen, typ. F. Le Blanc-Hardel.

www.ingramcontent.com/pod-product-compliance
Lightning Source LLC
LaVergne TN
LVHW010806180726
843502LV00011B/4370